●ソフトコーラルが繁殖する海底にサクラダイが乱舞する
（静岡・西伊豆）

JN027947

海の素顔を知っていますか？

～生き物たちからのフォトメッセージ～

伊藤 勝敏 著

KAIBUNDO

●撮影中の筆者（撮影・俵銃一）

扉の写真：ソフトコーラルの中で大きく口を開けて縄張りを誇示するクロハタ
（沖縄・与那国島）

はじめに

海の中の撮影は不便なことが多い。カメラのレンズ交換は水が入るのでできない。呼吸する空気ボンベの容量に限りがあり、いつまでも海中に滞在することができない。すぐまた、ボンベを交換して潜りたいときもあるが、潜水病の危険がともなうため、ある程度の休息時間が必要になる。すると、多くて一日3回くらいしか潜ることができない。そのうえ海水の濁りで望遠レンズが使えないため、どうしても被写体に近づいて写すことになる。近づくと言っても、魚たちは近づけば近づくほど逃げてしまう。なので、自分の吸排気音をできるだけ消すように心がけている。

だが、そんな苦労をなんとも思わせないほど、海の生き物たちは不思議で面白いドラマを見せてくれるのです。私などに「海の神」は関心がないと思うのですが、なぜか事あるごとに助けの手を差し延べてくださる。めったに見られない捕食や交尾のシーン。またある時は産卵と放精の瞬間にめぐり合うチャンスを与えてくださる。

彼らの生きざまに目を見張り、心を動かして感動するたびに、こうした仲間と共に地球上で生きていく大切さを噛みしめている。身の丈以上の欲を持たない彼らの生き方から、何か学ぶべきことがあるのでは、といつも思っている。

伊藤勝敏

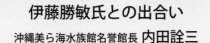

伊藤勝敏氏との出合い

沖縄美ら海水族館名誉館長 内田詮三

時は 1980 年頃のヒルメシ時、
所は沖縄美ら海水族館がある沖縄県本部町のソバ屋、
彼は旨そうに徳利から酒を楽しんでいた。
その様子は如何にも海の仙人のようであり、
これが今に続く著者とのお付合いの初見参であった。
この度『海の素顔を知っていますか？』を新たに出版する由、
伊藤さんの馬力に敬意を表します。

目次

1 | 変わりゆく海の環境

廃物だってマイホーム

釣り人は仕掛けやエサについて熟知しているが、肝心の魚が暮らす海底の環境にほとんど関心がないものと思われる。

それが証拠に、磯の釣り場近くの海底には驚くほど多数の空カンやペットボトルなどが散乱している。また、海沿いの道路わきに潜ってみると、自転車やミシンなどの生活廃棄物が沈んでいるのも珍しくない。

ところが、そんな廃物を魚が隠れ家や、卵を産んで棲み家として利用しているのを目にすることがある。空カンの中にちゃっかりと居を構える彼らの姿を見ていると、生きるためのしたたかな戦略に感心するが、やはり複雑な気持ちになる。

果たして彼らはこんな生き方に本当に満足しているのだろうか?

●海底に散乱する空カンなどの廃棄物（静岡・東伊豆）

●空カンを棲み家にするニジギンポ〔静岡・西伊豆〕

八放サンゴと呼ばれている種類で、多肉質で骨格がないが、体中に散らばる骨片と吸い込んだ海水で体を支えているウミトサカ。
羽状の突起のある8本の触手を網のように広げ、流れてくるプランクトンを捕らえてエサにしている。
彼らの体内物質から抗がん剤や殺虫剤の開発に役立つ成分が発見され、注目されている。

●捨てられたタイヤの束を土台にして繁殖するウミトサカ（静岡・西伊豆）

体の表面は顆粒に覆われ、目の両側に四角い暗色斑があり、
その周りに白いラインがあるのが特徴のスナダコ。

●土管に潜むスナダコ（静岡・西伊豆）

8本の腕をくねらせて、海底をわがもの顔で歩き回るマダコにとって、土管の穴やタイヤのくぼみは、うってつけの棲家になっている。

●タイヤに潜むマダコ（静岡・西伊豆）

●土管に潜むマダコ（静岡・西伊豆）

●チジミトサカとカイメンが着生した定置網のロープに寄り添う小魚（静岡・西伊豆）

●キタマクラ（静岡・西伊豆）

「北枕」の名前にプンプン。
名誉棄損だと八つ当たりで、とき
どき下を向いて撮影中の私の耳に
咬みつくんです。
魚網とロープをつなぐ結び目のと
ころがちょうどＶ字型になってい
て、ぴったりと体をはめ込んで休
んでいます。
ロープ使いの見事さに、思わず吹き出してしまった。

●定置網のロープで休むカサゴ（静岡・西伊豆）

海の中になぜ大きなタイヤが。
陸から流れ込んだのではなく、船で不法投棄なのか？

●廃棄タイヤに囲まれて、安心した
ように触手を開くムラサキハナギン
チャクと、キンセンイシモチ
（静岡・西伊豆）

●通常は岩に固着するが、連なるタイヤを
岩がわりに着生しているハナウミシダ。鳥
の羽のような多くの腕をもち、この腕を器
用に動かして、プランクトンを捕らえてエ
サとする。（静岡・西伊豆）

しかし、タイヤの中に入っているタコなどは満足そうな状態を見せる。こん
な意外なところで、人社会と海の生き物の暮らしの接点ができているのが、
なんとも不思議でなりません。人間が考える机上の環境問題の議論を飛び越
えて、彼らはもっとたくましく生きていけるのでしょう。だが、こんな廃物
利用が本来の自然の生態を侵していることを忘れてはいけないのです。

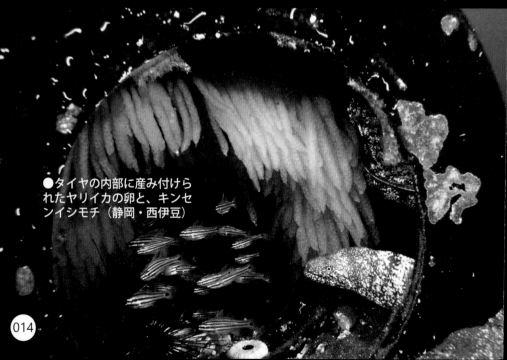

●タイヤの内部に産み付けら
れたヤリイカの卵と、キンセ
ンイシモチ（静岡・西伊豆）

●土管を土台にして色と形を取り合わせた
アートのオブジェ。巧まざる自然の造形の
妙を感じる。（静岡・西伊豆）

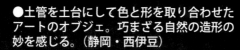

●鋭い目でギョロッと
睨みつけるトラギス。
空きカンの上に乗って
みると見晴らしがよく、
気に入ったようです。
（静岡・西伊豆）

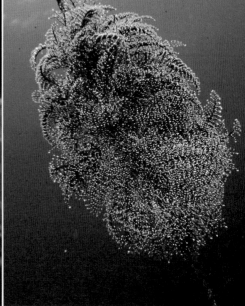

●ホースから顔を出してあたりを伺う
ミナミギンポ。それにしても、よくま
あ細長い体にぴったりのホースを見つ
けたものだと感心する。
（静岡・西伊豆）

●漁業のロープに着生し、繁殖するハ
ネウミヒドラ。群体は羽状で、白い花
が咲いたよう。糸状の触手はヒドロ花
と呼ばれている。全長20センチ。
（静岡・西伊豆）

●壊れた土管を棲家にするウツボ（静岡・西伊豆）

●ブロックとあなどるなかれ、隙間がお気に入りのウツボ（静岡・西伊豆）

ウツボはウナギの仲間で、胸ビレも腹ビレもなく、エラも退化して、ウロコもない。岩穴から顔だけのぞかせていると、獣のように見えて不気味だ。するどい歯で、今にも飛びかかってくるようで恐怖を感じる。人社会から排出されたブロックであっても「なんでもこいや」と言っているようだ。

サンゴ礁を脅かす地球温暖化

サンゴは 30℃ を越えるような異常な高水温が続くと、共生する褐虫藻が体外に抜け出してしまう。サンゴの軟体部は基本的に透明なため、褐虫藻がいなくなると骨格が透けて白く見える。このことを白化現象という。白化したサンゴは、環境が落ちつき、水温が以前のように下がると、褐虫藻が増えて回復するが、高水温状態の期間が長引いたりすると死ぬことが多い。

●異様な白さが目立つ、テーブル状のミドリイシ。
後方の群体は生きている。（沖縄・石垣島）

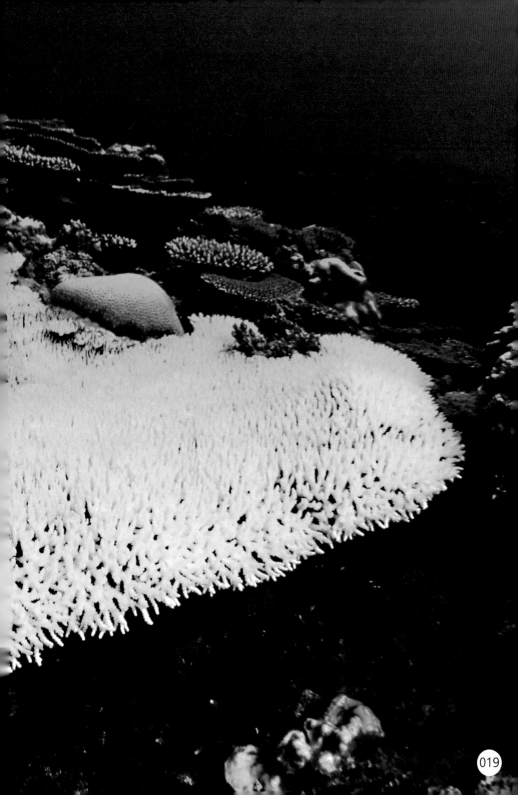

ハナガササンゴは半球形の塊状群体で、直径１メートル以上のものもある。
ポリプは昼間でも長く伸び、灰褐色で、口周りはクリーム色をしている。

●ピンポン玉のように部分的に白化が始まる（沖縄・石垣島）

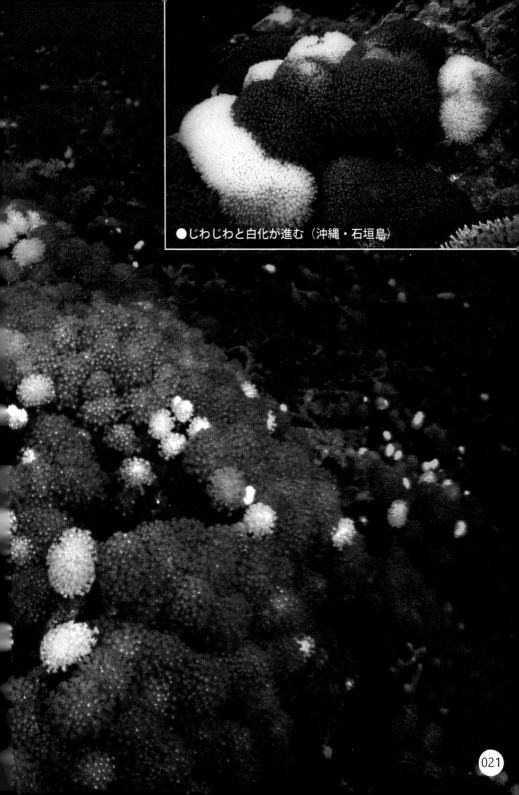

●じわじわと白化が進む（沖縄・石垣島）

サンゴは触手や体表の粘液で捕らえたプランクトンを食べているが、体内に共生する褐虫藻（約10ミクロン）が光合成で生産するエネルギーの一部も成長に必要としている。褐虫藻はその見返りにサンゴから、安全に生育できる空間を提供してもらっている。各サンゴの個体がそれぞれ褐虫藻の力を借りて、雄大なサンゴ礁ができているのです。白化したサンゴの白さは、自らの危機を知らせる叫びなのかもしれない。

●テーブル状ミドリイシ。右側が枯死状態で、左側は生きている。（沖縄・石垣島）

●八方サンゴのウミトサカ類も、白化が進むと茶色く枯死に近づく（沖縄・石垣島）

イソギンチャクは「磯巾着」と書き、体の作りは一方がふさがり他方が開いた円筒形で、その開いた方が、すなわち口となり、周りに触手が並んでいる。体の中には毒液を発射する小さな針をもっている。これで獲物を刺して痺れさせ、口から丸呑みにする。口だけがあって、肛門はない。
高水温が続くと、サンゴ同様に体内にある褐虫藻が抜けだして、白化状態になる。

●白化が進むシライトイソギンチャクと
健気に共生を続けるクマノミたち
（沖縄・阿嘉島）

オニヒトデの発生

サンゴの天敵オニヒトデが、沖縄だけでなく、
四国、九州、紀伊半島などでも発生し、サンゴ
礁が危険な状態になっている。
オニヒトデは体の裏側にある口から胃袋を出し
てサンゴの表面を覆うと、消化液でサンゴの体を消化・吸収する。被害を
受けたサンゴは、白い骨格がむき出しになり、死滅してしまう。
原因はいろいろ論じられているが、冬場の海水温の上昇や、生活排水など
が海に流入し、富栄養化によって沿岸の植物プランクトンが増える。それ
をエサとするオニヒトデの幼生が生き残る割合が高くなるという。
現在は、ダイバーが潜って、直接オニヒトデを駆除している。

●オニヒトデが乗っている白くなった部分が食害跡。
後方は生きているアザミサンゴ。（沖縄・西表島）

●集団でスギノキミドリイシに覆いかぶさるオニヒトデ。食害跡は白くなる。（沖縄・西表島）

●一面にウニが穿孔し、サンゴが繁殖する岩礁で、テーブル状ミドリイシを襲うオニヒトデ（和歌山・串本）

●体をいっぱいに伸ばして移動する
オニヒトデ（沖縄・西表島）

サンゴ礁の住人でホラガイはオニヒトデを食う。オニヒトデはサンゴを食う。
三者の関係がうまくいけばサンゴ礁は安泰な
のだが、ホラガイは置物などに重宝され
るので人間に乱獲される。いまはオ
ニヒトデが異常発生するなど、こ
のバランスが崩れてしまった。

●天敵のホラガイに追われる
オニヒトデ（沖縄・西表島）

ホラガイは貝殻の長さが 40 センチ以上になる。昔は山伏が吹き鳴らしたり、戦いの合図にも使われていた。（沖縄・西表島）

●捕食腕を出してホラガイが
オニヒトデを押さえ込む（沖縄・西表島）

●オニヒトデを追っ払う
サンゴガニ（沖縄・西表島）

●体から胃袋を出しているオニヒトデの口
（沖縄・西表島）

サンゴを襲う小さな貝

殻高3センチほどのシロレイシダマシは殻の周りに8列のトゲがあり、殻口内が白色の円筒形をした巻貝。サンゴ礁に普通に生息しているが、サンゴの軟組織を削り取って食べる特別な歯舌をもっている。貝がサンゴを食べると、サンゴの骨格だけが白くなって枯死してしまう。数が少ないうちは問題ないが、増えすぎるとサンゴに被害を与える。ところが、貝はトウモロコシの粒に似た5ミリほどの卵をサンゴの枝の隙間に産みつけるので、サンゴはこの卵を好んでエサとして食べている。両者の間で食う食われるのバランスが整っていると良いのだが、温暖化が進み、貝の多産卵により生存率が増加したり、台風で海水がかく乱されてサンゴが衰弱してしまうと、貝の異常発生が起こることが多い。サンゴ礁の自然はこんなところでも微妙なバランスによって保たれているのです。

●白くなったサンゴはシロレイシダマシによる食害跡（和歌山・串本）

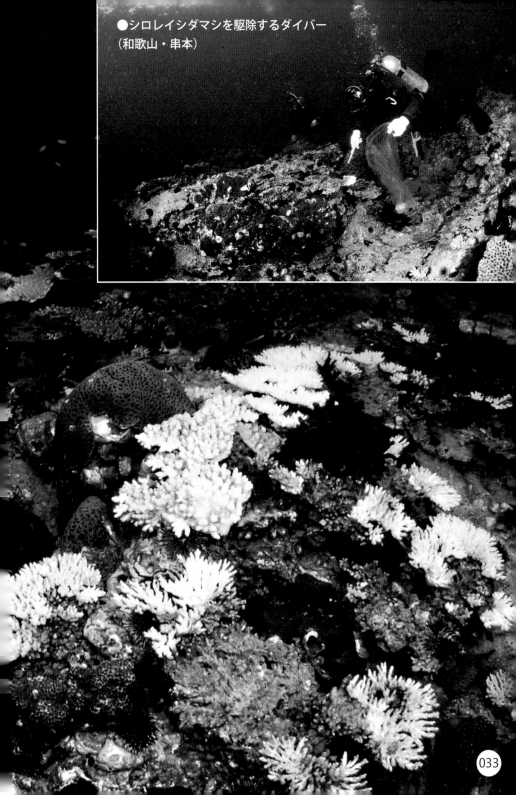

●シロレイシダマシを駆除するダイバー
（和歌山・串本）

●シロレイシダマシの食害で白くなったサンゴ
（和歌山・串本）

●サンゴの隙間に産みつけられた
シロレイシダマシの卵（和歌山・串本）

●駆除して引き上げた
シロレイシダマシ（和歌山・串本）

●シロレイシダマシと
食害された死サンゴ（和歌山・串本）

サンゴの侵略戦争

サンゴは、体内に共生する褐虫藻が光合成をして栄養分を与えてくれなければ、十分に成長することができない。それには日当たりの良い場所が理想的です。そんな関係で岩礁の表面では、光を奪い合う縄張り争いが起こることがある。成長の遅いキクメイシやハマサンゴは、早く成長するミドリイシ類が侵略してくると、スウィーパー触手という秘密兵器を伸ばして相手を攻撃し、殺してしまうこともある。

●ヒメアナサンゴモドキの群体に
ミドリイシが攻め寄る
（沖縄・石垣島）

●ヒメアナサンゴモドキとミドリイシが
がっちり四つに組んだ互角の戦い
（沖縄・石垣島）

●コブハマサンゴの群体にミドリイシが侵入する（沖縄・石垣島）

●ミドリイシが群生する中に
コモンサンゴが割り込む（沖縄・石垣島）

●コブハマサンゴと海藻の場所争い。どちらもじわじわ攻め寄り、
後に引き返せない。（和歌山・串本）

●日当たりの良いハマサンゴのど真ん中にミドリイシが侵入し、
勢力を広げる（沖縄・石垣島）

●ヒメアナサンゴモドキの群体が崩れた部分に侵入してきた
コブハマサンゴ（沖縄・石垣島）

サンゴ礁の荒廃

経済活動が活発になればなるほど、海の自然が変化してきた。これからは
人々の生活と海の環境を、どうすれば両立させることができるのか、本気
になって考えるべきだと思うのです。

●サンゴが死滅して、むき出しになった海底（沖縄・石垣島）

初めて沖縄を訪れたのは慶良間諸島の中でも歴史が残る座間味島で、本土に復帰した直後だった。連絡船のデッキから光線の角度によって色変わりするコバルトブルーの海の光景を眺めて、感動で胸がワクワクしたのを今でもはっきり覚えている。離島にボートを近づけると、浅瀬に繁殖する色とりどりのサンゴと熱帯魚が見事で、船上からカラフルな花園の景観が鑑賞できた。しかし、年月が過ぎ、だんだん訪れる観光客が増え、生活排水や、工事で掘り起こした土砂が雨で海に流入したりして、海水が濁り、サンゴの健康な発育が弱まってきたように感じる。そんなところに、オニヒトデの発生や高水温によるサンゴの白化現象などが起こり、サンゴ礁は大きなダメージを受け、荒廃する海域が増えてきたのが実情のようです。

●ミドリイシサンゴが繁殖して、スズメダイが泳ぐ健全なサンゴ礁。1974年、復帰直後。（沖縄・座間味島）

●土砂をかぶり枯死したサンゴ（2022 年、沖縄・座間味島）

●環境ホルモンを含む生活排水の流入は、海水に栄養分が増えて植物プランクトンが多くなるため、藻類が繁殖しやすくなる。結果、サンゴの表面を覆ってしまう藻類でサンゴが被害を受けている所もある。
（2023 年、沖縄・座間味島）

蘇るサンゴ

高水温で白化したサンゴも、オニヒトデに部分的に食害されたサンゴも、
すべてが枯死するとは限らない。しばらくして海水温が安定してくると、
じわじわと蘇る兆候が表れてくるサンゴもある。

●荒廃した斜面の一部から成長の早い
ミドリイシが新生する（沖縄・石垣島）

●荒廃した斜面の一部から蘇りだすミドリイシサンゴ（沖縄・石垣島）

●褐虫藻の光合成が盛んな先端から蘇生する枝サンゴ（沖縄・石垣島）

●枯死したサンゴの先端から蘇生する枝サンゴ（沖縄・石垣島）

蘇ったサンゴ

同じ海域に何度も潜っていると、これまで気付かなかった面白い現象を発見することがある。高水温が続き、白化して枯死しそうなハマサンゴが蘇ってきているのです。

●コブハマサンゴ
イシサンゴ目ハマサンゴ科
群体の高さ2メートル
沖縄・阿嘉島　水深20メートル

2003年11月

このハマサンゴを2003年に写したときは、白化状態で枯死するのではないかと思っていた。1年後に行ってみると、白化していた部分がほんのりと本来の緑色に近づく気配を見せていた。
ちょっと意外な感じだったので、観察撮影を続けているうちに、完全に蘇生する記録を写すことができたのです。サンゴ礁が荒廃する記録を写すのは心が痛むが、蘇ったサンゴを撮影できたうれしさは何ものにも代えられないものでした。

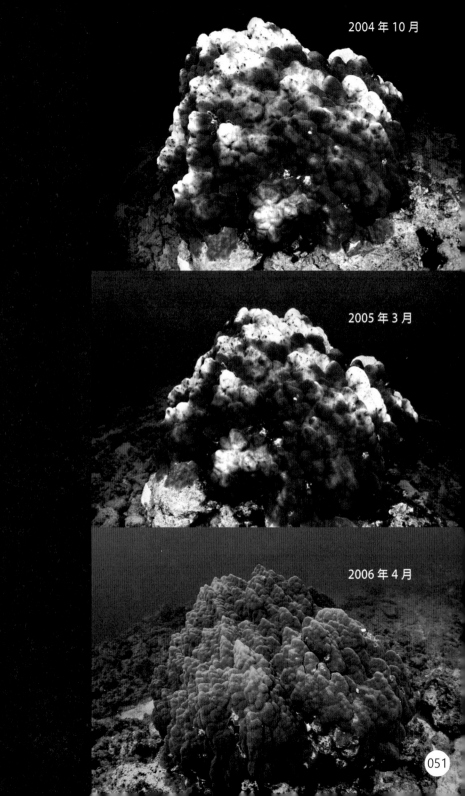

2004 年 10 月

2005 年 3 月

2006 年 4 月

磯焼け現象

海の中にも森のような海藻林がある。強い茎で直立するカジメやワカメ。
柔らかな体を帯のようになびかせるコンブ。無数に小さな浮き袋をつけて
海面に向かって立ち上がるホンダワラ。
そんな海藻がまとまって生えているところを藻場と呼び、海中の生態系を
考えるうえで、非常に重要な場所となっている。

●石灰藻が岩面を覆って、
海藻が付着できなくなる磯
焼け現象（静岡・西伊豆）

●イソモクが繁殖する健全な藻場（静岡・西伊豆）

藻場は二酸化炭素を吸収して、海中に酸素を供給するので、水質を浄化する働きがある。サザエやアワビなどの育成の場となり、海藻に付着する小動物をエサにする魚たちも集まり、敵から身を守ったり、産卵場にする魚も多い。

ところが近年、山を削る開発などにより、雨が降るたびに大量の土砂が海に流入し、あたりの海水が何日も濁ったりすることが起こっている。海藻は植物なので、光がないと成長できない。海水が濁ると太陽光が届きにくくなり、藻場の範囲がだんだん狭められてくる。

さらに農薬や環境ホルモンなどの流入もあり、海水の養分濃度が高まって、鉄分不足により、岩肌を石灰藻が覆っているところをよく目にするようになった。この石灰藻が岩肌に付くと、海藻が付着育成できなくなり、いわゆる磯焼けとなる。磯焼けは全国の沿岸に広がっている。

多様な生き物たちのゆりかごとなる藻場の大切さを忘れてはいけないのです。

●林のようにカジメが繁殖し、岩の隙間にアワビが多く生息する藻場もある
（静岡・東伊豆）

●廃棄された土嚢が藻場にダメージを与えて
いるところもある（静岡・東伊豆）

●岩一面にサンゴモの石灰藻が付着し、海藻が着生できなくなっている
藻場もある（静岡・東伊豆）

汚染と奇形魚

動物の世界では、進化する過程において突然変異が起こり、まったく違う性質のものや奇形のものが生まれる場合がある。また生後、環境の変化によって体形が変化するものもある。

●しっ尾の近くが変形したマアジ（静岡・東伊豆）

●体が2か所、折れ曲がっているオキエソ（静岡・西伊豆）

●眼がつぶれたハコフグ（静岡・東伊豆）

奇形の魚が何くわぬ顔をして泳いでいる姿を見るが、化学物質の作用で
遺伝子がくるって生まれたのか、確かなことは分からない。

●体に腫れものができたウツボ（静岡・東伊豆）

●頭部が奇形して、眼が
つぶれたマダイ
（静岡・東伊豆）

●海岸の廃棄物を回収する漁師たち（静岡・西伊豆）

●沿岸に流れ込んだゴミ
（静岡・西伊豆）

●初夏になり、水温上昇と富栄養化が重なり、赤潮が発生する（静岡・西伊豆）

●雨が降るたびに土砂が海に流入する（静岡・東伊豆）

●ゴミ捨て場に集められた廃棄物、風によって海に侵入する（沖縄・離島）

●釣り人が捨てた空カン（静岡・東伊豆）

●八放サンゴにからむ釣り糸、やがてサンゴは枯死する（静岡・西伊豆）

2 | 海中彩色劇場

●紫がかったさい冠を開くケヤリムシ、
近づくとパッと閉じてしまう（沖縄・与那国島）

●ハナビラクマノミの体色が、
だんだんと共生するイソギンチャクの紫色に近づく（沖縄・石垣島）

バイオレット

海の中は色彩に乏しいという先入観を持つ人が多いが、暖かい海でも、冷たい海でも、生き物はすべて特徴のある色と形を誇っている。これまでの進化の過程で、自身の彩色と模様をどのように生活環境に取り入れているのか、色別に分けたパターン配列してみた。しかし、中にはこのパターンにおさまりきらない迷彩色もあり、海はまさに色彩の魔術師が繰り広げる海中彩色劇場である。

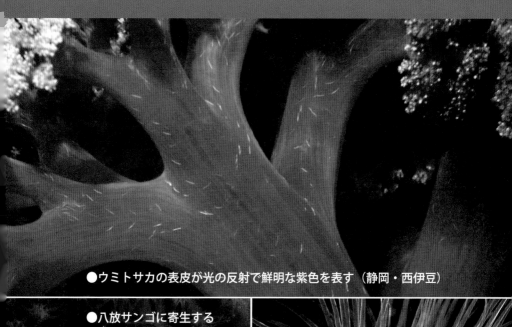

●ウミトサカの表皮が光の反射で鮮明な紫色を表す（静岡・西伊豆）

●八放サンゴに寄生する
トラフケボリ、触手に隠れる
（静岡・東伊豆）

●棲管から触手を広げる
ヒメハナギンチャク（静岡・東伊豆）

レッド

海中に身を委ねて極彩色の世界に取り囲まれていると、浮游感も重なり、しばしば人間であることを忘れてしまう。母の胎内にいた遠い記憶を呼び戻しているようで、心地よい魅惑の世界に迷い込んだようになる。だから私は海の中の世界に取りつかれているのだろうか。

●エンマ大王のようなオニオコゼ、背ビレに毒がある（石川・能登島）

●八放サンゴのヤギにライトを当てると、小さなポリプが浮かんで朱色に光る（沖縄・西表島）

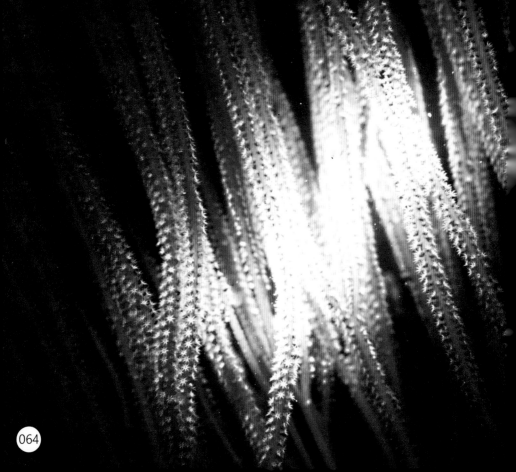

●赤い血液が流れる体内の血管網のような
オオイソバナ（沖縄・阿嘉島）

●朱色のさい冠を開くホンケヤリ（和歌山・串本）

イエロー

黄色は地上では工事の看板や柵などに危険を表す色として使われるが、海中では赤色に次いで吸収される色で、深くなればなるほど、くすんで目立たない色になる。

●深海性で、全身が黄色いトゲで覆われる幻想的なヤマトナンカイヒトデ（静岡・東伊豆）

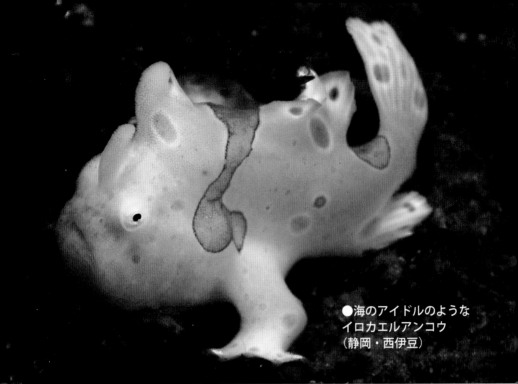

●海のアイドルのような
イロカエルアンコウ
（静岡・西伊豆）

●謎めいた黄色い触手を開くイボヤギ
（静岡・南伊豆）

●ウグイス貝が寄生するセンナリ
スナギンチャク（和歌山・串本）

●黄色い体で、イバラのトゲを誇
るイバラダツ（静岡・西伊豆）

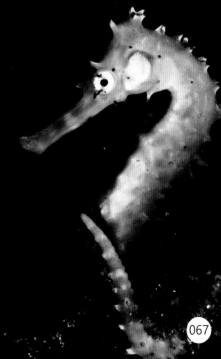

グリーン

●アマモの藻場で休息するメバルたち
（京都・丹後半島）

●清流に小さな白い花が咲く
水草のミシマバイカモ
（静岡・柿田川）

●扇を広げたように幹が伸びるミル
〔和歌山・串本〕

●崖になった岩礁に群生する
オオカワリギンチャク
〔和歌山・白浜〕

●細いシダのように群生するエビアマモ
〔静岡・東伊豆〕

069

カムフラージュカラー

進化の過程で、一見、卑怯者のようだが、迷彩模様を身にまとうことで
生き延びる知恵を獲得してきた生き物もいる。それも一つの生き方なの
かもしれない。

●イバラカンザシが群生する中に入り、カンザシ模様に化けるカサゴ
（愛媛・宇和海）

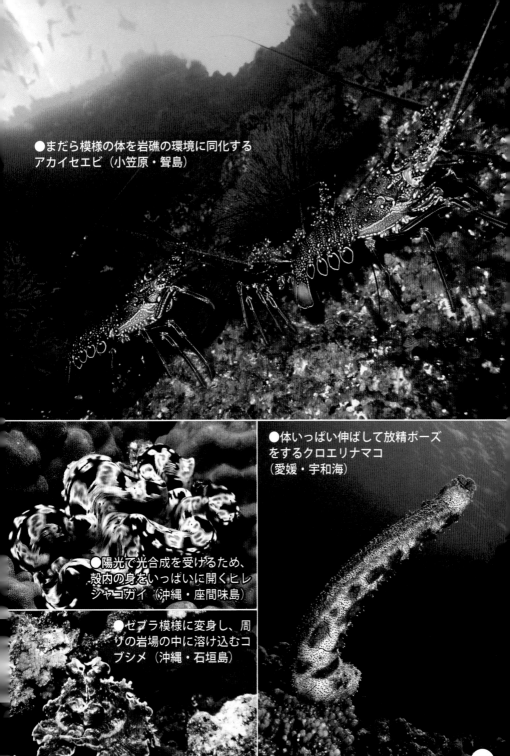

●まだら模様の体を岩礁の環境に同化する
アカイセエビ（小笠原・智島）

●体いっぱい伸ばして放精ポーズ
をするクロエリナマコ
（愛媛・宇和海）

●陽光で光合成を受けるため、
殻内の身をいっぱいに開くヒレ
シャコガイ（沖縄・座間味島）

●ゼブラ模様に変身し、周
りの岩場の中に溶け込むコ
ブシメ（沖縄・石垣島）

●下から見上げたジンベエザメの巨体、潜水艇が通過するように感じた
（オーストラリア・ニンガルリーフ）

環境悪化で、この舞台で踊る生物が少しずつ姿を消すようなことになれば、この劇場の存亡にかかわることを忘れてはならない。

●洞くつに差し込む光を受けて静かに泳ぐ魚（沖縄・久場島）

●うず巻き状に群泳するギンガメアジ（沖縄・粟国島）

3 | 食うか食われるか

礫地や藻場に生息するアナハゼは茶褐色の体がまだら模様になっており、周囲の環境の中で迷彩効果を発揮している。泳ぎ回って獲物を探すのではなく、エサとなる魚が何気なく近寄ってくるのを待ち伏せして襲いかかる戦略を用いる。距離をおいて観察していると、いつでも百発百中とはいかないようだ。捕食の瞬間を写すのに、ねばりにねばって、飲まず食わずで森羅万象の世界を覗き見て写せたカットでした。

●ハオコゼを捕食するミナミアカエソ
（沖縄・阿嘉島）

●やっとハオコゼを捕らえたアナハゼ、7〜8回は取り逃がしている
（京都・丹後半島）

夜になると、岩陰で眠る魚を次々と襲って捕食するコブシメ、
夜行性の強みを発揮する。

●夜、ハゲブダイを捕らえたコブシメ
（沖縄・座間味島）

●獲物を捕らえる
触腕（沖縄・座間
味島）

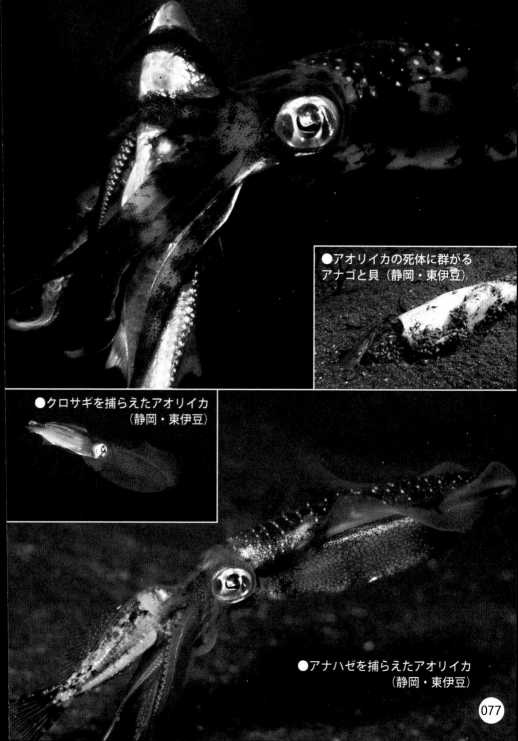

●アオリイカの死体に群がる
アナゴと貝（静岡・東伊豆）

●クロサギを捕らえたアオリイカ
（静岡・東伊豆）

●アナハゼを捕らえたアオリイカ
（静岡・東伊豆）

カエルアンコウが採食するのは夜間。手足のようになる胸ビレを使って、海底をいざって歩くことができる。釣り竿のような触角を振って、獲物の小魚が近づくと、素早く水ごと一気に飲み込んでしまう。姿はグロテスクだが、小さな目や口もとを見ると愛嬌のある顔をしている。

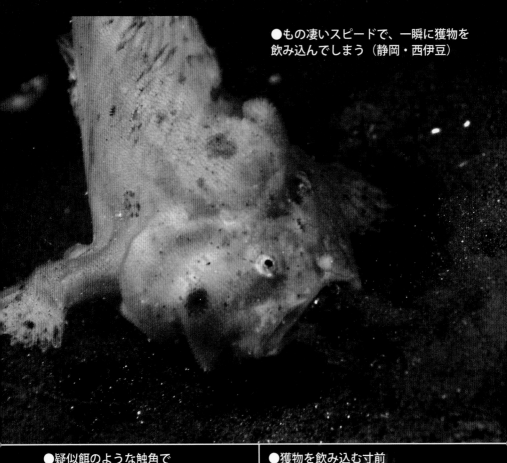

●もの凄いスピードで、一瞬に獲物を飲み込んでしまう（静岡・西伊豆）

●疑似餌のような触角で小魚を誘う（静岡・西伊豆）

●獲物を飲み込む寸前（静岡・西伊豆）

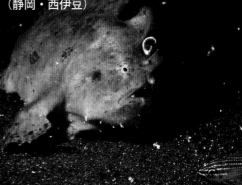

サメは頭が平べったく、流線形のスマートな体で、三日月形の尾ビレを躍らせて泳ぐ姿はスピード感にあふれ、海の大者の貫禄十分である。

●エサを食いちぎり、釣り針を口にくわえてゆうゆうと泳ぐオグロメジロザメ
（モルディブ・バンドス島）

●エサにありつこうと集まる
オグロメジロザメ
（モルディブ・バンドス島）

●ダイバーのマスクに食いつくオグロメジロザメ。
何が起こったのかわからないまま、シャッターを
切っていた。（モルディブ・バンドス島）

ブリは出世魚といわれ、ある大きさになると呼び名が変わる。15センチ
以下のものをワカシ、次いでイナダ、ワラサ、70センチを超えるとブリ
になる。それまで約3年かかる。

●ブリがタカベの群れを追い始める（静岡・西伊豆）

●追われたタカベの群れは一目散に逃げ散らばる（静岡・西伊豆）

●流れるようなタカベの群泳（静岡・西伊豆）

ボウシュウボラは2本の触手を伸ばしてヒトデの腕を捕らえようとする。ヒトデは身をよじって離れようとする。だが次の瞬間、貝は2本の触手の間からもう1本の捕手のような手を伸ばし、がっちりとヒトデを押さえてしまった。おそらく捕手の先からヒトデを痺れさせるような液が注入されたのだろう。みるみるうちにヒトデの体が貝の殻内に飲み込まれていく。

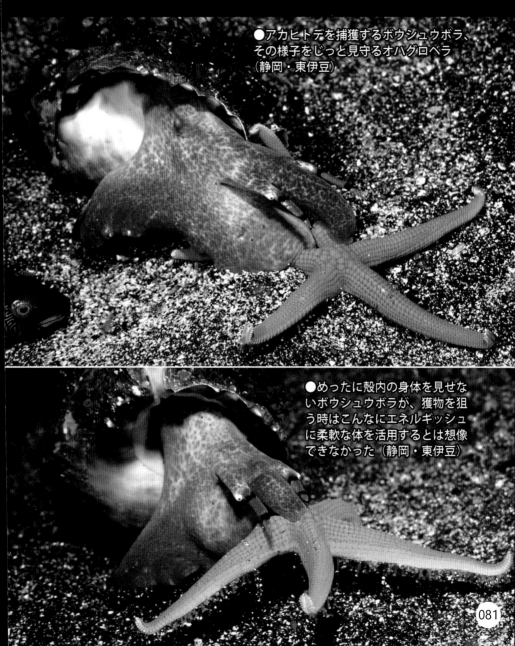

●アカヒトデを捕獲するボウシュウボラ、その様子をじっと見守るオハグロベラ（静岡・東伊豆）

●めったに殻内の身体を見せないボウシュウボラが、獲物を狙う時はこんなにエネルギッシュに柔軟な体を活用するとは想像できなかった（静岡・東伊豆）

マダコは大きく伸縮する腕でイセエビを捕まえ、唾液腺から出す毒液で麻痺させ、エビの硬い背甲を剥がして肉だけを食べる。他にアワビやトコブシなども食べ、私たちにとってはなんとも羨ましい限りです。

●体全体で覆いかぶさるように
イセエビを襲う（静岡・東伊豆）

●8本の腕で、逃げられないようにイセエビを押さえ込む（静岡・東伊豆）

頭にみえる先端の丸い部分が胴体で、実際の頭はその後ろにあり、8本の足（腕）へと続く。目の下のヒョットコは口でなく排泄管で、本物の口は腕の付け根にある。いわゆるカラストンビといわれる黒い部分だ。ずいぶん風変わりなスタイルをしている。

●必死で逃れようとするイセエビに絡みつく長い腕（静岡・東伊豆）

4 | 生きる知恵

共生の駆け引き

どんなクマノミも、稚魚の時を除けば必ずイソギンチャクと暮らしている。クマノミはイソギンチャクの毒のある触手で身を守られる。イソギンチャクはクマノミにエサを運んでもらったり、寄生虫や傷んだ触手部分を取り除いてもらう。相利共生として美しく語られているが、実際はそれぞれの個体が利己的に生きるための結果で、けっして自分を犠牲にして相手を助けているのではないようだ。ヒト社会も夫婦関係も、似たところがあるように思うのです。

●トウアカクマノミの成魚と幼魚
（沖縄・座間味島）

●イボハタゴイソギンチャクに
共生するトウアカクマノミ
（沖縄・座間味島）

●フトウデイソギンチャクの触手の中に共生するマルガザミのカップル
（静岡・西伊豆）

●ニシキテッポウエビが掘った穴に居候し、共生しているダテハゼ
（静岡・西伊豆）

クリーニング

歯にものがはさまったり、体がかゆいとき、手を使えない魚は不自由だろう。ところが良くしたもので、体や口内に付着する寄生虫を食べてくれるホンソメワケベラや小さなエビなどが存在するのです。学問の世界では、ずばり「クリーナー」と呼ぶ。口先で寄生虫を取り除いたり、体を接触させてマッサージのようなことも行う。

●ドクウツボの体表をクリーニングするアカシマシラヒゲエビ（沖縄・久場島）

●キタマクラの体にのってクリーニングするサラサエビ（静岡・東伊豆）

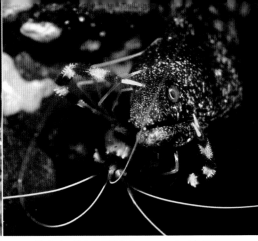

●ウツボの顔面をクリーニングするオトヒメエビ（静岡・東伊豆）

●クロハタの口内をクリーニングするコモンエビの一種（沖縄・久場島）

●2匹のホンソメワケベラに特別クリーニングをうけている間に、体が逆向きになってしまったイラ（静岡・東伊豆）

●ホンソメワケベラにクリーニングをうけようと口を開けるオジサン（沖縄・石垣島）

寄生

多くの生き物は寄生者と共に進化してきた。人間も、昔から回虫などの寄生虫による苦い経験を重ねてきたが、日本をはじめとする先進国では医療衛生面の進歩により、厄介な寄生虫はほとんど駆除されている。ところがその反面、花粉症などのアレルギー性疾患に悩む人が急増している。体内から寄生虫がいなくなると、その免疫システムが目標を失って狂いが生じるという。現に寄生虫駆除率の低い国では、アレルギー性疾患が非常に少ない。海中では、自ら寄生者を駆除する手立てをもたないとはいえ、彼らは邪魔者を徹底的に排除しない。ひょっとすると、人間より優れた生活システムを本能的に察知しているのかもしれない。

●アカヒトデヤドリナが体内に寄生するアカヒトデ（静岡・東伊豆）

●アカヒトデの腕の中に入り込み、体液を吸って寄生しているアカヒトデヤドリナ。成長するにつれ、ヒトデの腕がコブのようになる。（静岡・東伊豆）

●ガンガゼの排泄物を食べるため、肛門から出入りするハシナガウバウオ（静岡・東伊豆）

●ネンブツダイの体液を吸うウオノコバンの一種（静岡・東伊豆）

●オドリカラマツの幹部に、強引にネジリカラマツが吸引して寄生する（静岡・東伊豆）

●ウミトサカの触手の中に寄生するカセミミズ（静岡・西伊豆）

●オオトゲトサカに寄生するテンロクケボリ貝（静岡・東伊豆）

●テンロクケボリ貝が寄生するオオトゲトサカ（静岡・東伊豆）

魚の国の昼と夜

太陽が沈んで海の中に暗闇が訪れると、昼間泳いでいた多くの魚は岩陰や岩穴に入り休息する。体色や模様がくすんで、体の輪郭がぼやける。夜行性の捕食者から身を守るカムフラージュなのだ。

●磯底を泳ぐハゲブダイ
（沖縄・安室島）

昼

夜

●ハゲブダイはゼリー状の膜でバリアを作って休む。膜は外敵のイカやタコなどの嗅覚をくらます効果があるらしい。（沖縄・安室島）

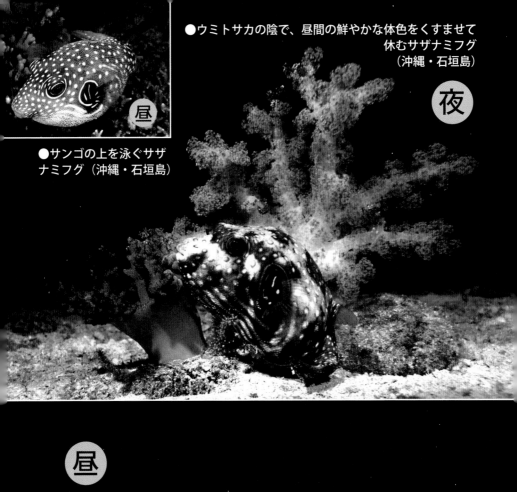

●ウミトサカの陰で、昼間の鮮やかな体色をくすませて
　　　　　　　　休むサザナミフグ
　　　　　　　　（沖縄・石垣島）

夜

昼

●サンゴの上を泳ぐサザ
ナミフグ（沖縄・石垣島）

昼

●素早く移動するワモンダコ（沖縄・阿嘉島）

夜

●エサを探して活動するワモンダコ
（沖縄・阿嘉島）

●高速疾走するカツオの群れ。まるで空を飛ぶ鳥のように見えた。（尖閣諸島・魚釣島）

群泳

小魚が群れるのは身の安全を守るため。全体として巨大なものに見えるので、敵に威圧感を与える。たとえ敵が小魚の群れと見抜いて、強引に突っ込んできたとしても、「二兎を追うものは一兎をも得ず」の格言どおり、クモの子を散らすように逃げる一匹に狙いを定めるのは容易ではない。また、群がることでオスとメスが身近に出会えて、繁殖の効率が上がることになる。

●陽光を背に不規則な泳ぎで
群れ合うキンメモドキ
（静岡・東伊豆）

●サンゴ礁で黄色い魚体が目立つヨスジフエダイの群泳
（沖縄・阿嘉島）

●日光浴をするように上を向いて立ち泳ぎをするメバルの群れ
（新潟・佐渡島）

●うず巻状にグルグル回るように群泳するギンガメアジ
（沖縄・粟国島）

●厳寒で水温が下がり、触れるほど体を寄せ合うスズメダイの群れ
（静岡・西伊豆）

ウオヅラ

魚たちと付き合って、もう30年以上になる。魚の顔には表情がないと言われるが、十人十色、千魚千色の面白さがある。彼らと真正面に向き合うと、意外な顔相を見いだして驚くことが多い。そんな魚たちの晴れ姿を、長い間モデル代も払わずに写してきた。だから恩返しの気持ちで、感謝を込めて、ここに個性的な表情の持ち主に登場してもらった。「にらめっこ」してご覧ください。

●不満がありそうな
コクテンフグのふくれっ面（沖縄・座間味島）

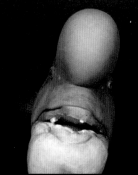

●コブが出っ張った顔で、
こちらを睨むコブダイ
（新潟・佐渡島）

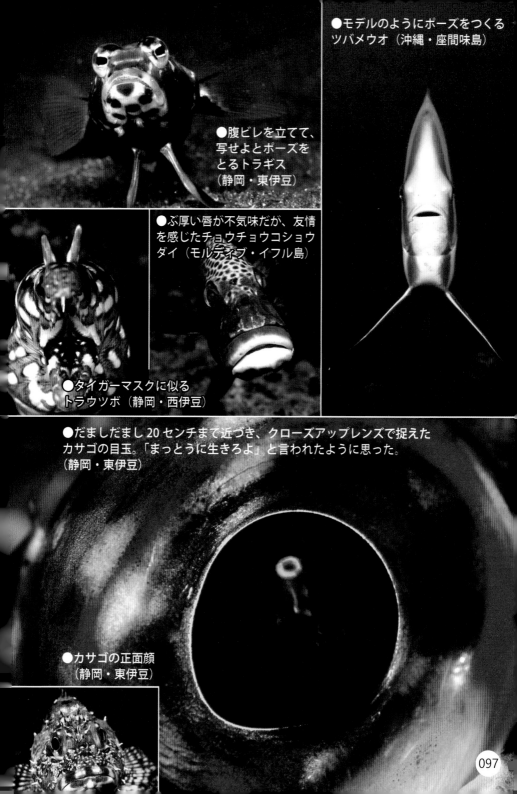

●モデルのようにポーズをつくる
ツバメウオ（沖縄・座間味島）

●腹ビレを立てて、
写せよとポーズを
とるトラギス
（静岡・東伊豆）

●ぶ厚い唇が不気味だが、友情
を感じたチョウチョウコショウ
ダイ（モルディブ・イフル島）

●タイガーマスクに似る
トラウツボ（静岡・西伊豆）

●だましだまし 20 センチまで近づき、クローズアップレンズで捉えた
カサゴの目玉。「まっとうに生きろよ」と言われたように思った。
（静岡・東伊豆）

●カサゴの正面顔
（静岡・東伊豆）

併泳

同種の魚たちが群泳する姿はよく見かけるが、ときどき別種の魚同士が仲良く泳いでいることがある。先に泳ぐ魚が採食するとき、そのおこぼれを得るのが目的らしい。なので仲良さそうに見えても、いつ崩れるかわからない微妙な関係だったりする。

●行きつく先のわからない流木であっても、
大樹の陰に寄り添うツムブリ（沖縄・座間味島）

●メジロザメを先導するパイロットフィッシュの
コガネシマアジ（沖縄・石垣島）

●大型のマンタの腹側に吸着して移動するコバンザメ（沖縄・石垣島）

●ビゼンクラゲの毒のある触手で身を守る小アジ（和歌山・串本）

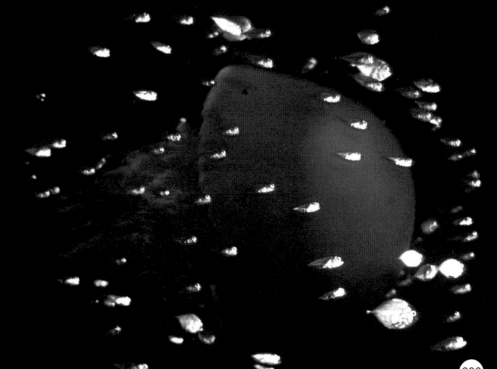

擬装する

動物界の頂点に存在している私たちは、これといった天敵をもたないので、自然の海中で生きる魚たちが捕食者から身を守る労力はとうてい理解できないだろう。まず自分自身が食われないようにし、そしてエサを食うことが直接生死にかかわるので、そこには思いもかけない多彩な戦略が隠されている。

●ヤクシマイワシの魚群が海底の岩礁のように見える（モルディブ・イフル島）

●砂底の反射でメタリックな体色になり、透明な海水に溶け込むヤクシマイワシ（モルディブ・イフル島）

●ストーンフィッシュと呼ばれるように、岩の塊に見えるオニダルマオコゼ。
じっくり眺めると「へ」の字になった口が表れる。背ビレに猛毒を持つ。
（沖縄・座間味島）

●風変わりなスタイルで泳ぐ
（沖縄・座間味島）

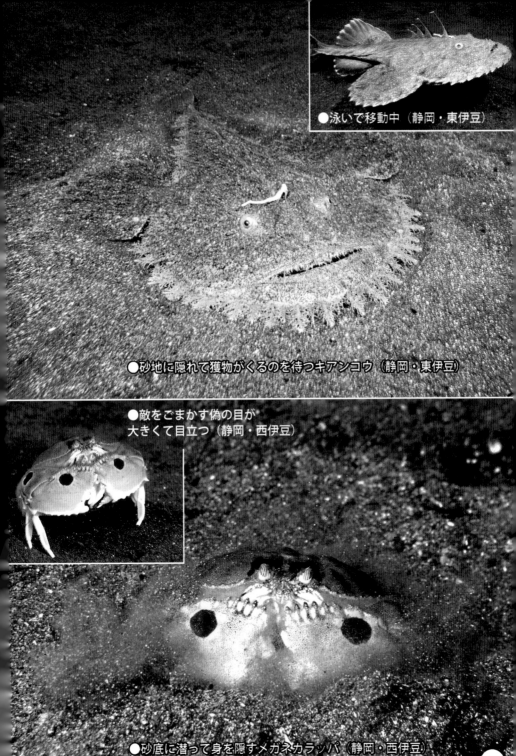

●泳いで移動中（静岡・東伊豆）

●砂地に隠れて獲物がくるのを待つキアンコウ（静岡・東伊豆）

●敵をごまかす偽の目が
大きくて目立つ（静岡・西伊豆）

●砂底に潜って身を隠すメガネカラッパ（静岡・西伊豆）

6本の白くて長いヒゲと、体を横切る紅白の縞模様、そして大きなハサミ脚をもち、「オトヒメ」とは言うまでもない竜宮伝説に登場する仙女のこと。派手な体色が示すとおり、魚に自分が掃除屋であることを知らせている。ホステスならぬ看護師的存在である。

●ウミトサカの色と触手
の造形に、紛らわしく溶
け込むオトヒメエビ
（沖縄・阿嘉島）

●明るい所が苦手なアカイセエビ、
岩礁に同化する（小笠原・聟島）

●赤いウミトサカに似せた体色
となり、花のゆりかごの中で休
むカサゴ（愛媛・宇和海）

●トゲだらけの体を膨らませて威嚇するネズミフグ（沖縄・座間味島）

●体いっぱいヒレを広げてフラッシング効果を発揮するハナミノカサゴ
（和歌山・串本）

威嚇する

敵に対して水を飲んで体を膨らませて脅したり、瞬間的にパッとヒレを大きく広げて、フラッシング効果で敵の目がくらんでいる間に姿を消す行為などがある。また、縄張りへの侵入者に対して、口を開けて体を大きく見せ、凄みをきかせることもある。その時々の一瞬に生死をかけている気迫が感じられて驚くことが多い。

●メスを奪い合い、オス同士が争う
コブダイ（新潟・佐渡島）

●侵入者を威嚇するウツボ（静岡・東伊豆）

●オス同士が自分の体を大きく見せて相手を威嚇するアオリイカ
（静岡・東伊豆）

海のかたち

オオウミヒドラの仲間は、砂泥地に根を下ろして垂直に立って生息している。長い幹部の先についた糸状触手に取り囲まれた口の部分は、うすい桃色でラッパ状に盛り上がる。まるでヒマワリの花のようで見とれてしまう。案内してくれた深潜りの魚山さんによると、いつでも見られるものではなく、出現時期が限られると言う。そんな色模様の口で、イワシなどの小魚を捕食するらしい。

●砂底から１メートル以上伸び上がったオオウミヒドラの一種、水深55メートル（静岡・西伊豆）

●全身に毒トゲを伸ばすイイジマフクロウニ、触れた人の手はグローブのように腫れあがった（静岡・南伊豆）

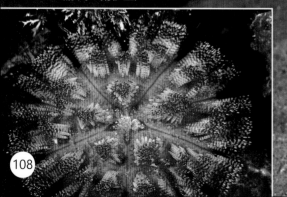

海の生き物の姿形を見ていると、進化の過程で、なぜこのような彩色模様が必要になったのかと考えることが多い。エサの確保や、身を守ったり、子孫繁栄に何か影響があるのだろう。しかし、すべての生き物が、今まさに進化の途中なのだ。

●花のような赤い突起が散らばり、黄色い触角のハナデンシャ（静岡・西伊豆）

●海のアイドル、ウデフリツノザヤウミウシ（静岡・南伊豆）

●オブジェのような枝状ミドリイシ（沖縄・石垣島）

5 | 仲間を増やす

●激しく腕を絡み合わせて交接するオスとメス
（沖縄・石垣島）

●メスを奪い合うオス同士の争い
　（沖縄・石垣島）

●産卵するメス
　（沖縄・石垣島）

コブシメ

胴長40〜50センチに達するコブシメは、初夏になると恋の季節がやってくる。オスは鮮やかな色模様で体を飾り、メスの気を引くように腕を上げて求愛のポーズをとる。そしてメスに触れる位置まで近づくと、体色をネオンサインのように変えて交接を迫る。この間、別のオスが近づくようなことがあると、瞬時に縞模様を強く表してライバルを威嚇する。雌雄が意気投合すると、両者は互いに腕をしっかり結び合い激しく交接する。オスは精子が詰まったカプセルをメスの体内に送り込む。その後、メスは2センチほどの受精卵をサンゴの間に産み付けていく。大役を果たしたメスは、やがて死んでしまう。ふ化は夜間、卵に丸い穴が開き、体の後端からするりと幼生が抜け出して泳ぎ始める。

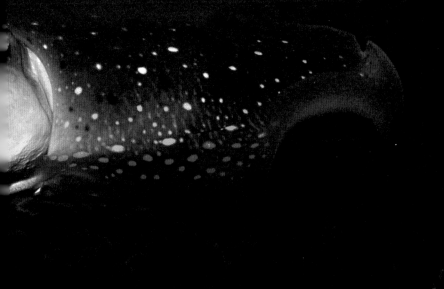

●ふ化する幼生
（沖縄・石垣島）

●泳ぎ出した幼生
（沖縄・石垣島）

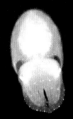

クロホシイシモチ

世の中の変化にともなって、今では女性の力が強く反映される時代になってきた。亭主が子育てをする光景も、日本はともかく欧米では珍しくない。ところが魚の世界では、とっくの昔からオスの献身的な子育てが知られている。クロホシイシモチは繁殖期になると「つがい」を組み、オスとメスが平行に並んでグルグル回り始める。やがてお互いの腹部を密着させると、放精と放卵が同時に行われる。

●繁殖期になると、オスとメスが求愛して
カップルとなるクロホシイシモチ（和歌山・串本）

生まれた卵のうは粘着糸で絡み合った袋状で、オスは素早くメスの体から引きちぎるように口にくわえる。卵のうをほおばったオスは、アゴがはずれたような異様な面相のまま一週間あまり絶食して、卵は安全に保護され、そしてふ化する。

●普段は群塊となって身を守っている（和歌山・串本）

112

●メスが産んだ卵をオスが素早く口内にくわえ込む（静岡・西伊豆）

●オスは卵がふ化するまで口内保育する（静岡・西伊豆）

クマノミ

オスからメスに性転換するクマノミはイソギンチャクと共生し、その触手の間を隠れ家としている。雑食性で、小さな甲殻類や付着藻類を食べる。イソギンチャクの近くの岩肌に産み付けられた卵をオスが世話し、メスは外敵の防御にあたる。ふ化は日没直後に始まる。仔魚はしばらく浮遊生活の後、海底に下り、イソギンチャクと共生するが、触手の刺胞毒に対する免疫性がまだ備わっていないので、徐々にイソギンチャクと触れ合いながら獲得していく。両者の関係は共生のストーリーとして有名である。

●シライトイソギンチャクに共生するカップル（沖縄・阿嘉島）

●オスとメスで卵を守る（沖縄・阿嘉島）

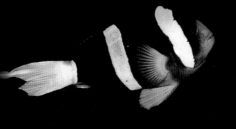

●オス（静岡・東伊豆）

●メス（静岡・東伊豆）

●黒い目玉が現れた、ふ化寸前の卵（沖縄・阿嘉島）

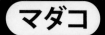

マダコ

私がホームグラウンドにしている八幡野の海では、海水温が上がりだす初夏になるとタコの繁殖が見られる。何頭かのタコが岩陰から這い出てきてパーティーを開くように集まり、かなり接近した距離にいることがある。そんな様子を少し離れた所から眺めていると、オスはメスに対して腕を立て体を持ち上げて、まるで「タコ踊り」のような求愛行動をする。やがて両者に合意ができると「つがい」の絆が深まり、オスの交接腕が魔法仕掛けのようにメスの体内にすべり込んでいく。

メスは10万個以上の卵を産む。卵は海に咲く「藤の花」のようで、とても美しい。ふ化するまで、メスは何も食べずに卵を守り、それで一生を終わる。タコ酢を好きな私は、食べる時いつもそんな情景を思い、噛みしめているのです。

●磯に上がってきたマダコを観察するスノーケルを楽しむ人 （静岡・東伊豆）

●上のオスが下のメスに交接腕を差し込む。交接は30分ほど続く。（静岡・東伊豆）

●藤の花と呼ばれる卵のう（静岡・東伊豆）

●産卵後のメスの死体（静岡・東伊豆）

●一匹がふ化すると、それを合図に次々とふ化する幼生（静岡・東伊豆）

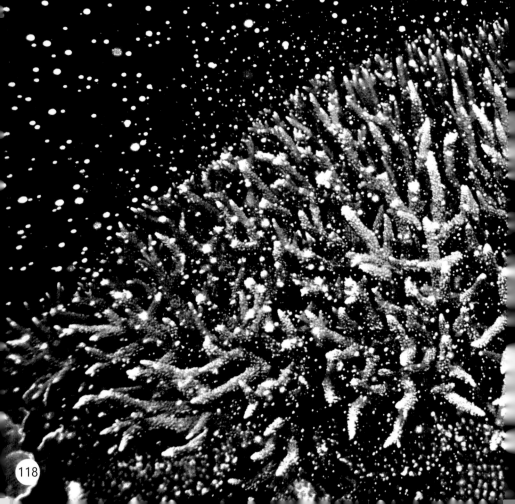

サンゴ

サンゴの産卵は初夏の水温が25度近くまで上がる夜間、満月の大潮の前後に集中する。卵が成熟して産卵間近になると、各ポリプの先端にピンク色をした粒が顔を出す。ミドリイシの場合、一つの粒は直径３ミリほどで、雌雄同体のものがほとんどである。その粒の中に数個の卵と精子の塊が入っており、カプセル状になっている。やがて水温の上昇、潮の満ち引きなどの条件が整うと、個々のポリプから卵が一斉に放出され、海中に躍り出し、海面に向かって浮上していく。

カプセルが海面にたどり着くと、カプセルは割れ、卵と精子がはじき出される。ところが、同じカプセルに入っていた卵と精子は互いに受精せず、別のサンゴから生み出されたものと受精することが判明している。幻想的ともいえる粉雪が舞い上がるようなサンゴの産卵行動が、時間を合わせたように一斉に行われるのは、一年に一回きりの産卵で、確実に卵を受精させ、子孫を残そうとするサンゴの戦略なのです

●枝状サンゴが一斉に産卵し、月明かりに神秘的にきらめく。まるで宇宙に迷い込んだような錯覚を覚える。(沖縄・阿嘉島)

●サンゴの産卵が終わった翌朝、海面を漂う卵と精子（沖縄・阿嘉島）

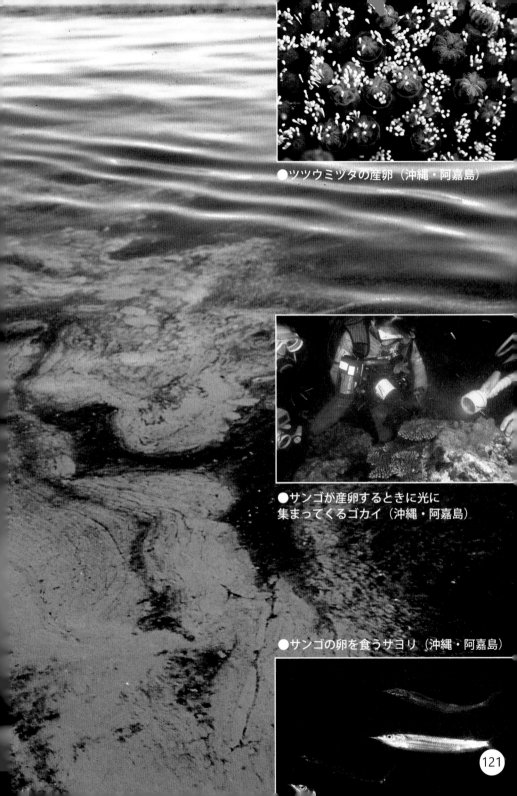

●ツツウミヅタの産卵（沖縄・阿嘉島）

●サンゴが産卵するときに光に
集まってくるゴカイ（沖縄・阿嘉島）

●サンゴの卵を食うサヨリ（沖縄・阿嘉島）

アカウミガメ

浜辺が夕闇に包まれると、人の気配がないのを確かめて雌ガメがゆっくり上陸してくる。やがて巣穴を掘る場所を見つけると、体が収まる程度に砂場を整地し、後足をスコップのように使って産卵穴を掘る。30分ほどかかって深さ50センチ、直径20センチほどの巣穴が出来上がる。呼吸を整えて両方の後ろ足をぐっと立てると、直ちに産卵が始まる。しっ尾のつけ根にある排出孔が膨らみ、きらりと光る真珠色の卵が2〜3個ずつ続いて産み落とされる。100個前後の卵を20分ぐらいかけて巣穴に産み落とすと、その上に砂をかぶせる。卵は砂の中で温められ50〜60日ほどでふ化する。子ガメは巣穴の温度の影響を強く受け、28度以下ならほとんどオスになり、29度以上ではメスになる率が高いと言う。

巣穴からの脱出は、夜、数回に分けて行われる。脱出した子ガメは、月明かりに映える海面や、打ち寄せる白い波頭などの光を目当てに海へ向かう。地磁気を感知する能力があり、これを頼りに進む方向を決めると言われる。海にたどり着くまでにスナガニや野良猫に襲われることもある。親になるまで生き残るものはごくわずかである。厳しい生存競争に耐えて成長し、生まれた海岸に戻ってくる姿は、なんともいえないロマンを感じさせてくれる。しかし、ウミガメがもつ不思議な帰巣性については、いまもって詳しいことは何も分かっていないのです。

●沿岸に近づいてきたアカウミガメ（紀伊半島）

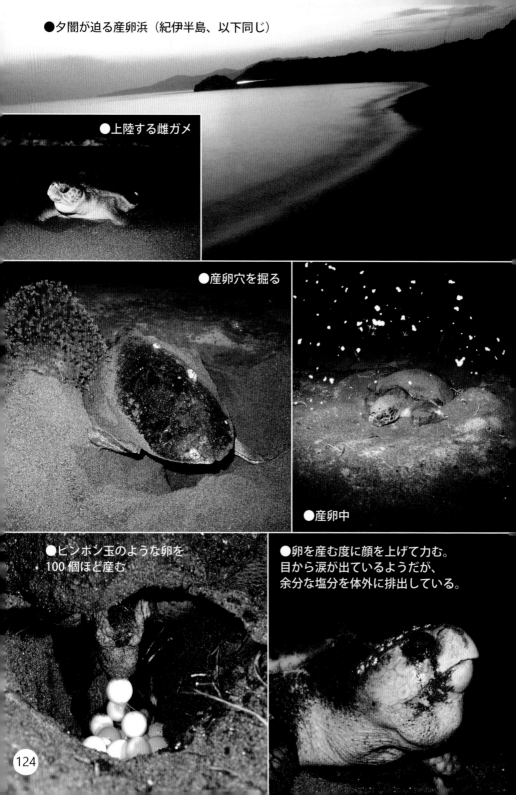

●夕闇が迫る産卵浜（紀伊半島、以下同じ）

●上陸する雌ガメ

●産卵穴を掘る

●産卵中

●ピンポン玉のような卵を
100個ほど産む

●卵を産む度に顔を上げて力む。
目から涙が出ているようだが、
余分な塩分を体外に排出している。

●上陸して産卵し、
1時間が経過して海へ戻る

●産み終わった巣穴を埋める

●夜が明けると、雌ガメの上陸跡がくっきり残る

●子ガメを襲う野良猫

●子ガメを襲うスナガニ

●海へ向かう子ガメを
観察するダイバー

●光に向かって一斉に海に向かう子ガメ

伊藤 勝敏
（いとう かつとし）

1937 年、大阪生まれ。
関西総合出版社で写真助
手をしていた時、たまた
ま海藻の写真を撮るため
丹後半島の磯に潜ったと
ころ、その周辺の生物の
多彩な姿と幻想的な海中世界に魅せられたのがきっかけと
なり、海中写真に取り組むようになる。
現在、世界的に海洋生物が多様であることが知られる相模
湾（東伊豆）に拠点を置き、刻々と変化する素顔の海の現
況を撮影し、新聞、雑誌、などを中心にした写真作家活動
を行っている。

1988 年・アニマ賞（平凡社）
1999 年・朝日海とのふれあい賞（朝日新聞社）
2001 年・伊東市技能功労者（伊東市）
2016 年・伊豆賞（伊豆新聞社）

●主な著書（共著を含む）
「竜宮」（日本カメラ社）
「海の宇宙」（朝日新聞出版）
「海と親しもう」（岩波書店）
「さかなだってねむるんです」（ポプラ社）
「図説 魚たちの世界へ」（河出書房新社）
「ウオヅラコレクション」「海中探魚図鑑」（保育社）
「伊豆の海」「沖縄の海」「ひとつぶの海」（データハウス）

あとがき

この本に登場した力いっぱい生きている生き物たちは、黒潮の流域である沖縄諸島から四国、紀伊半島、伊豆半島、小笠原諸島、日本海側の一部で写したものがほとんどである。

ひとつご理解いただきたいのは、海の中でストロボ光を使って写真を写している。地上のように充分な光量がなく、また、水が濁っていることが多い。自然光のままで写すとメリハリのないぼやけた画像になってしまう。なので彼らの本当の色模様は、本に印刷された色彩より少しくすんでいると思ってもらいたい。

太陽光は波長によって赤、橙、黄、緑、青、藍、紫の七色に分かれる。海中では光の吸収が激しいため、深くなるにつれて、波長の長い赤色系の生物は、自然光の下では水に溶け込んで無色に近い状態で認識される。

それにしても、彼らの体内に潜む色素細胞が人工的な光を受けると、いかなるセンサーの働きによるのか、こんなにも様々な極彩色に変化する摩訶不思議さに、ただ驚くばかりです。さらに、彼らの姿形を見ると、なぜこのような色模様や形態が必要になったのかを考えてしまう。その問題について、私自身がまだまだ理解できていない。無理に答えをつくってしまうより、読者のみなさんに独自に判断してもらった方が面白さが増すように思うのです。

彼らと撮影で対面する度に「君たちは地球に生まれた生き物として、本当に正しく生きていますか」そんな問いかけをされているように思う。名誉や利益を追い求め、化粧をしなければ生きていけなくなったヒトと社会に、素顔で生きる彼らは大笑いしていることだろう。そんな声がなぜか私には聞こえてくるのです。

最後に、影になりずっと私を支え続け、やっと夫婦円熟の坂を上る途中で天国に旅だった妻と、普通に暮らしてくれている3人の息子と家族に捧げる書である。

 伊藤 勝敏

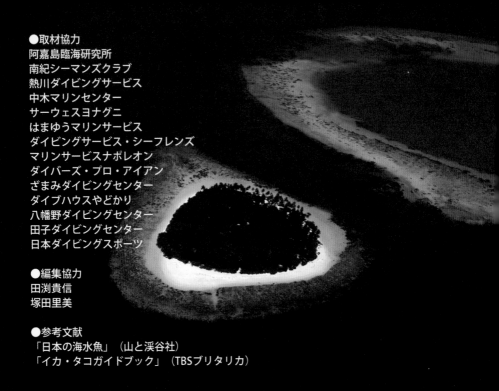

●取材協力
阿嘉島臨海研究所
南紀シーマンズクラブ
熱川ダイビングサービス
中木マリンセンター
サーウェスヨナグニ
はまゆうマリンサービス
ダイビングサービス・シーフレンズ
マリンサービスナポレオン
ダイバーズ・プロ・アイアン
ざまみダイビングセンター
ダイブハウスやどかり
八幡野ダイビングセンター
田子ダイビングセンター
日本ダイビングスポーツ

●編集協力
田渕貴信
塚田里美

●参考文献
「日本の海水魚」(山と渓谷社)
「イカ・タコガイドブック」(TBSブリタリカ)

ISBN978-4-303-80081-9

海の素顔を知っていますか?

2024 年 4 月 17 日　初版発行　　　　　　　　　ⓒ 2024

著　者　伊藤勝敏　　　　　　　　　　　　　　検印省略
発行者　岡田雄希
発行所　海文堂出版株式会社
　　本社　東京都文京区水道 2-5-4　(〒112-0005)
　　　　電話 03 (3815) 3291 (代)　FAX 03 (3815) 3953
　　　　https://www.kaibundo.jp/
　　　　支社　神戸市中央区元町通 3-5-10　(〒650-0022)
日本書籍出版協会会員・工学書協会会員・自然科学書協会会員

PRINTED IN JAPAN　　　　　　印刷　ディグ／製本　誠製本

JCOPY　<出版者著作権管理機構　委託出版物>
本書の無断複製は著作権法上での例外を除き禁じられています。複製される場合は、
そのつど事前に、出版者著作権管理機構 (電話 03-5244-5088, FAX 03-5244-5089,
e-mail : info@jcopy.or.jp) の許諾を得てください。

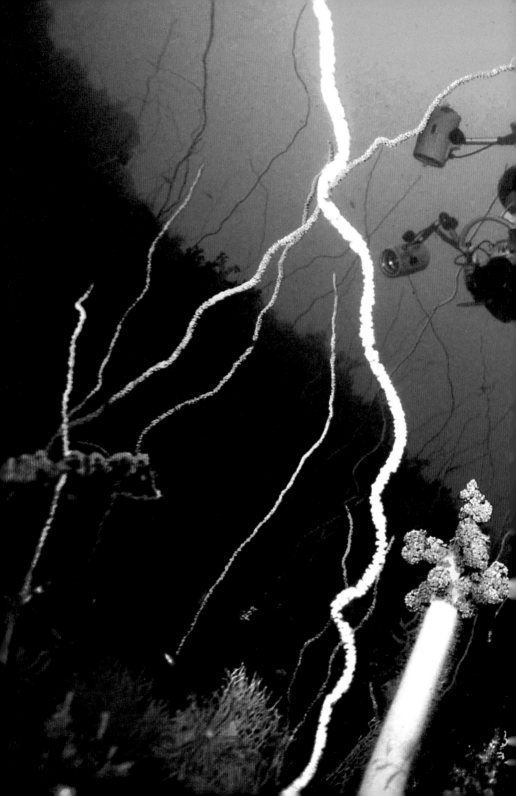